U0350900

红袋鼠物理千千问

# 在流体里奔跑：
# 空气动力学 ③

[加拿大] 克里斯·费里　著 / 绘　　刘志清　译

中国少年儿童新闻出版总社
中国少年儿童出版社
北　京

## 作者简介 ··········································································

  克里斯·费里，80后，加拿大人。毕业于加拿大名校滑铁卢大学，取得数学物理学博士学位，研究方向为量子物理专业。读书期间，克里斯就在滑铁卢大学纳米技术研究所工作，毕业后先后在美国新墨西哥大学、澳大利亚悉尼大学和悉尼科技大学任教。至今，克里斯已经发表多篇有影响力的权威学术论文，多次代表所在学校参加国际学术会议并发表演讲，是当前越来越受人关注的量子物理学领域冉冉升起的学术新星。

  同时，克里斯还是4个孩子的父亲，也是一名非常成功的少儿科普作家。2015年12月，一张Facebook（脸书）上的照片将克里斯·费里推向全球公众的视野。照片上，Facebook（脸书）创始人扎克伯格和妻子一起给刚出生没多久的女儿阅读克里斯·费里的一本物理绘本。这张照片共收获了全球上百万的赞，几万条留言和几万次的分享。这让克里斯·费里的书以及他自己都受到了前所未有的关注。

  扎克伯格给女儿阅读的物理书，只是作者克里斯·费里的试水之作。2018年，克里斯·费里开始专门为中国小朋友做物理科普。他与中国少年儿童新闻出版总社全面合作，为中国小朋友创作一套学习物理知识的绘本——"红袋鼠物理千千问"系列。

红袋鼠说："我想跑得快一点儿，但是好难呀！天气原本晴朗无风，但是我一跑起来就好像突然刮起了大风！克里斯博士，到底发生什么事了？"

克里斯博士说："你有这种感觉，就证明有一种力存在。在这种情况下，这种力被称为'阻力'。"

克里斯博士接着说："阻力是一种摩擦力，只有当你在**流体**中运动的时候，它才会出现。"

阻力

红袋鼠惊讶地问："流体？流体不就是水吗？"

推力

克里斯博士回答说："水是一种流体，但流体有很多种。水、空气，甚至酸奶，都是流体。流体可以是任意形状的，盛放流体的容器是什么形状，它们就是什么形状。"

空气

水

酸奶

9

克里斯博士又说："你用勺子搅拌一下酸奶试试。"

红袋鼠说："我觉得有点儿费力！"

克里斯博士说："再试着搅拌一下水。"

红袋鼠说："这个就容易多啦！但是我仍然能感觉到水在阻止我搅拌它。"

克里斯博士说："现在轮到空气了。"

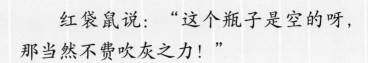

红袋鼠说："这个瓶子是空的呀，那当然不费吹灰之力！"

15

克里斯博士说："这个容器并不是空的，它充满了空气，但是你看不见它们。这个房间里也充满了小小的空气分子，它们主要是氧气和氮气。"

氧气分子

氮气分子

克里斯博士接着说："水是由水分子组成的，酸奶是由许多种分子组成的！你知道哪个瓶子里的分子数量多，哪个瓶子里的分子数量少吗？"

酸奶

红袋鼠仔细观察了一下，说："我发现酸奶里的分子数量比水里的分子数量多，而水里的分子数量又比空气中的分子数量多。"

克里斯博士解释说："这就是**密度**！同样大小的容器中，盛有的物质越多，物质的密度就越大。"

酸奶

克里斯博士问："现在，你知道阻力的大小和什么有关系了吗？"

红袋鼠兴奋地说："和流体的密度有关！密度越大，阻力也越大！"

23

克里斯博士说："现在搅拌得快一点儿。"

红袋鼠说："呀，这样费力多了！我搅拌得越快，阻力也越大。"

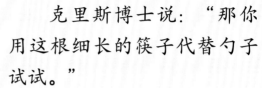

克里斯博士说："那你用这根细长的筷子代替勺子试试。"

红袋鼠说："又变得容易些了！看来东西越大，阻力也越大！"

红袋鼠接着说："所以，我在跑步的时候，跑得越快，阻力也就越大。假如我绑上木板，身体变大了，阻力也就变大了。"

版权合作方： 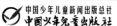 澳大利亚米酷传媒

## 图书在版编目（CIP）数据

空气动力学. 3, 在流体里奔跑 / （加）克里斯·费里著绘 ； 刘志清译. — 北京 ： 中国少年儿童出版社，2019.12
（红袋鼠物理千千问）
ISBN 978-7-5148-5742-9

Ⅰ．①空… Ⅱ．①克… ②刘… Ⅲ．①空气动力学—儿童读物 Ⅳ．①V211-49

中国版本图书馆CIP数据核字(2019)第228725号

审读专家：高淑梅 江南大学理学院教授，中心实验室主任

HONGDAISHU WULI QIANQIANWEN
ZAI LIUTI LI BENPAO:KONGQIDONGLIXUE 3

出版发行 中国少年儿童新闻出版总社
中国少年儿童出版社

出 版 人：孙 柱
执行出版人：张晓楠

| | | | |
|---|---|---|---|
| 策 划：张 楠 | | 审 读：林 栋 聂 冰 | |
| 责任编辑：徐懿如 郭晓博 | | 封面设计：马 欣 | |
| 美术编辑：马 欣 | | 美术助理：杨 璇 | |
| 责任印务：刘 澂 | | 责任校对：颜 轩 | |

社 址：北京市朝阳区建国门外大街丙12号 邮政编码：100022
总 编 室：010-57526071 传 真：010-57526075
客 服 部：010-57526258
网 址：www.ccppg.cn 电子邮箱：zbs@ccppg.com.cn
印 刷：北京博海升彩色印刷有限公司

开本：787mm×1092mm 1/20 印张：2
2019年12月北京第1版 2019年12月北京第1次印刷
字数：25千字 印数：10000册

ISBN 978-7-5148-5742-9 定价：25.00元

图书若有印装问题，请随时向本社印务部（010-57526183）退换。